Étranger : **10 fr.**

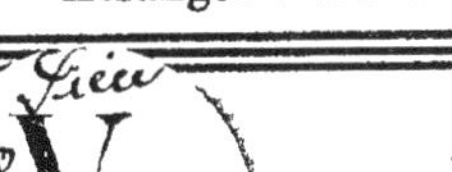

Roger DEVILLERS
Ingénieur électricien

Le Super Universel
TOUTES ONDES SUR CADRE

de 20 mètres à 3.000 mètres
sans aucun trou

MONTAGE A 3 LAMPES

permettant l'audition sur cadre ou petite antenne intérieure des concerts européens et émissions sur ondes très courtes des émetteurs mondiaux de 20 à 90 mètres

Explications, schémas et plans de câblage grandeur nature nécessaires au montage

nef

NOUVELLES ÉDITIONS FRANÇAISES

35, Rue du Rocher, 35 - PARIS (8e)

(près Gare Saint-Lazare)

4e mille.

Roger DEVILLERS
Ingénieur électricien

Le Super Universel
TOUTES ONDES SUR CADRE

de 20 mètres à 3.000 mètres
sans aucun trou
MONTAGE A 3 LAMPES

permettant l'audition sur cadre ou petite antenne intérieure des concerts européens et émissions sur ondes très courtes des émetteurs mondiaux de 20 à 90 mètres

Explications, schémas et plans de câblage grandeur nature nécessaires au montage

nef
NOUVELLES ÉDITIONS FRANÇAISES
35, Rue du Rocher, 35 - PARIS (8e)
(près Gare Saint-Lazare)

INTRODUCTION

Le seul appareil pratique permettant la réception du broadcasting sur cadre ou très petite antenne était jusqu'à ces derniers temps le superhétérodyne à nombre de lampes élevé, très onéreux comme construction et entretien. De plus cet appareil ne permet guère, sauf dispositif particulier (double changement de fréquence par exemple) l'écoute des ondes très courtes qui sont de plus en plus à la mode et qui, nous en sommes persuadés, se substitueront dans un avenir proche aux moyennes et grandes longueurs d'ondes généralement utilisées actuellement.

Pour combler cette lacune, nous avons étudié longuement et mis au point un appareil de réalisation simple, peu coûteux, d'un maniement aisé. La superréaction bien employée donne les résultats qu'on attendait d'elle.

Avec trois lampes, sur cadre de 1 m. de côté et même moins, la réception des émissions européennes de 200 à 600 m. est aisée à obtenir en fort haut-parleur. Sur une antenne intérieure de quelques mètres les grandes ondes sont facilement reçues aux distances les plus éloignées.

Sur ondes très courtes les émissions du monde entier sont reçues dans d'excellentes conditions sans aucun autre collecteur d'ondes que la simple self d'accord formant un cadre minuscule ; en tout cas un fil de 1 m. 50 est amplement suffisant comme antenne.

Beaucoup d'amateurs avaient tenté dès 1922 d'utiliser la superréaction. Quelques-uns avaient obtenu des résultats très encourageants ; d'autres, et de beaucoup les plus nombreux, n'avaient eu que des échecs. On employait alors des lampes mal appropriées et des tensions plaque beaucoup trop élevées.

Nous pouvons affirmer que notre poste est aussi facile à régler qu'une détectrice à réaction lorsqu'il est bien monté et que sa mise au point est faite soigneusement, ce qui ne présente aucune difficulté.

Dans l'étude qui va suivre le lecteur trouvera la description complète de notre montage. Tous les détails de réalisation sont donnés, qu'il n'en néglige aucun et le succès est assuré.

⁝⁝⁝ ⁝⁝⁝ ⁝⁝⁝

CHAPITRE I

Description du montage

Le schéma de principe de notre récepteur est donné par la figure 1.

La première lampe L_1 est montée en détectrice à réaction électromagnétique. La présence du condensateur C_2 permet à la détectrice d'accrocher facilement sur ondes très courtes.

L'antenne employée étant toujours très courte, l'accord sera fait en direct. Deux bornes permettent le branchement d'un cadre. Une barrette les courcircuite pour le fonctionnement sur antenne.

Pour la réception sur antenne de quelques mètres des ondes de 10

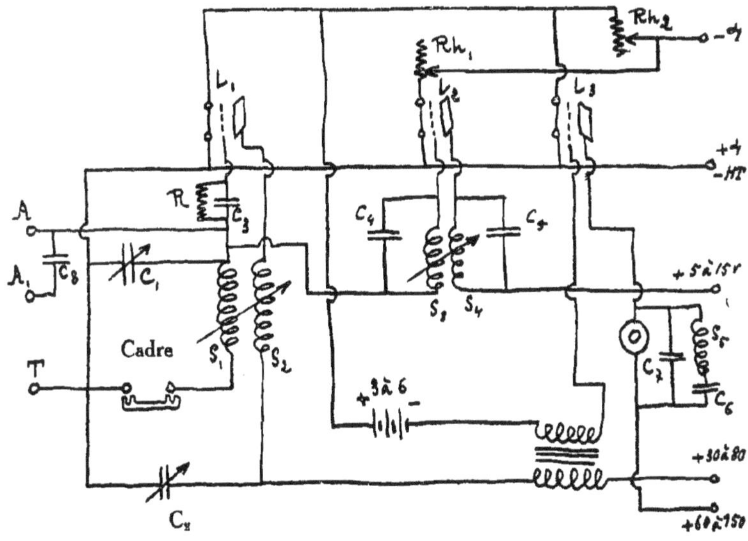

Fig. 1

à 50 m., un condensateur fixe C_8 est intercalé entre le collecteur d'ondes et le poste.

La seconde lampe L_2 est une oscillatrice dont les circuits sont accordés sur 30.000 m. environ. La plaque de ce tube est portée à un potentiel de + 5 à + 15 volts.

Le couplage des deux selfs de 1.500 spires est variable, mais pour la réception jusque 700 m. on peut laisser ces bobinages fixes à 2 centimètres l'un de l'autre, le réglage s'effectuant très bien par le rhéostat de chauffage Rh_1.

La variation de couplage n'est nécessaire que pour la réception des grandes ondes.

La troisième lampe L_3 est une basse fréquence de puissance.

Nous n'avons pas prévu la marche sur deux lampes car :

1° Les réceptions seront toujours faites en haut-parleur ;

2° Les auditions seront plus pures, le transformateur basse fréquence formant un premier filtre ;

3° La puissance pouvant être diminuée par le jeu très souple de la réaction.

Nous avons prévu une tension plaque plus forte à la basse fréquence, ce qui permet l'emploi de lampes spéciales (B 443 Philipps).

CHAPITRE II

Matériel employé

Condensateur d'accord.

Le condensateur C_1 aura une capacité maximum de 0,3 /1000 de microfarad. Il a une grande importance et sa construction devra être particulièrement soignée ; l'isolement sera de préférence au quartz. Il sera muni d'une excellente démultiplication sans jeu, de rapport variant entre 1 /25 et 1 /100. La partie mobile tournera doucement sans à-coups et sera reliée électriquement à la masse (bannir impitoyablement les liaisons par friction, cause fréquente de craquements par mauvais contacts). Le profil des lames sera square law ou straight line.

Selfs.

Nous employons nécessairement des selfs interchangeables, étant donnée la grande gamme de longueurs d'ondes à recevoir.

Le tableau ci-après indique les bobines nécessaires. Le jeu permet la réception sans aucun trou de 10 à 2700 m. Les selfs inutilisées pour l'accord serviront pour la réaction.

Le diamètre moyen de ces bobines sera de 7 à 8 cm. Bien entendu ce tableau est donné à titre indicatif et on peut utiliser des bobines se rapprochant de celles indiquées.

Pour l'amateur qui voudra construire lui-même ses selfs nous donnons les indications suivantes :

1° Espacer les broches d'au moins 5 cm. pour éviter les capacités résiduelles ;

2° Employer des sabots en ébonite et non en matière moulée pour éviter des pertes importantes en haute fréquence ;

3° Réduire les isolements au minimum.

Le fil employé sera du fil guipé d'au moins deux couches coton.

Les figures 2, 3 et 4 indiquent une façon simple de monter les gabions, bobines cylindriques et nids d'abeilles.

Personnellement nous utilisons à partir de 75 spires des bobinages en vrac constitués par du fil enroulé entre deux joues de carton. Les résultats sont encore excellents, bien que théoriquement les nids d'abeilles soient préférables.

Nous ne reviendrons pas sur la construction des selfs maintes fois décrites dans les journaux et ouvrages de T. S. F.

TABLEAU DES SELFS

NOMBRE DE SPIRES	FIL	BOBINAGE	NOMBRE DE SPIRES	FIL	BOBINAGE
2	12/10	gabion	20	8/10	gabion
3	12/10	—	35	5/10	cylindrique
4	12/10	—	50	5/10	—
6	12/10	—	75	5/10	nid d'abeilles
8	8/10	—	100	3/10	—
10	8/10	—	150	3/10	—
16	8/10	—	250	3/10	—

Les deux oscillatrices S_3 et S_4 seront des nids d'abeilles ou des bobines en vrac de 1.500 spires. Leur construction est à la portée de tous ; prendre comme diamètre intérieur 5 cm. et comme épaisseur 2 à 3 cm. Le fil sera guipé coton et aura un diamètre de 2 à 3/10 de mm.

UTILISATION DES SELFS

ACCORD S_1	RÉACTION S_2	LONGUEURS D'ONDE APPROXIMATIVES
4	7	15 — 45 mètres
8	13	40 — 100 —
10	16	80 — 150 —
16	20	100 — 200 —
20	35	200 — 350 —
35	50	350 — 600 —
50	75	400 — 700 —
100	150	700 — 1500 —
150	200	1500 — 2600 —

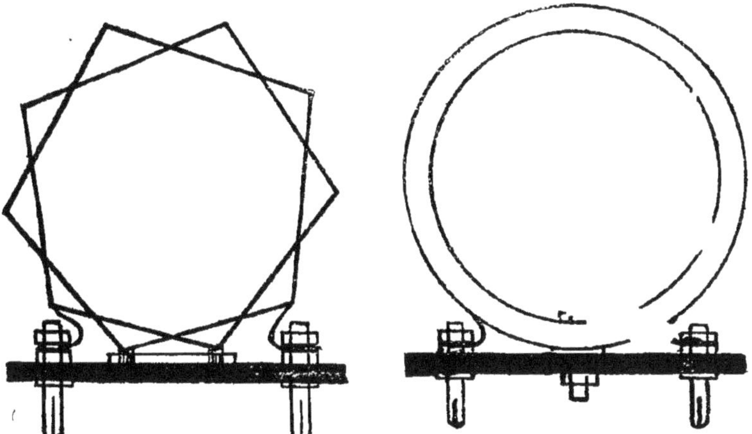

Fig. 2. Fig. 3.

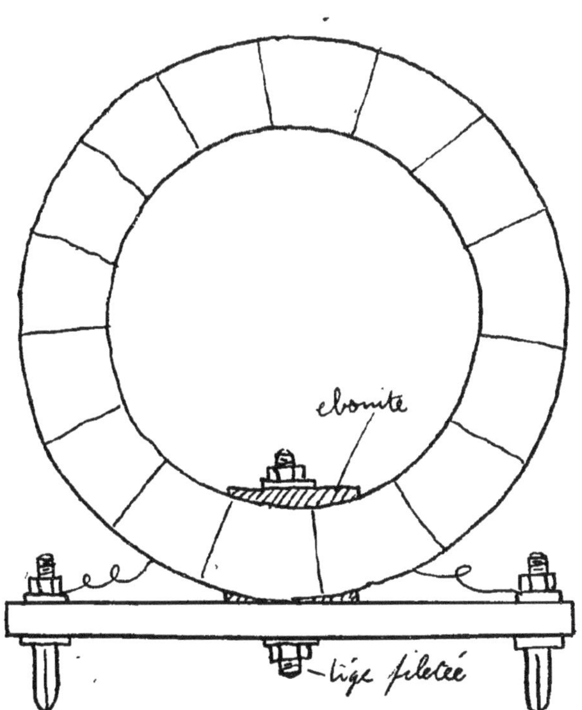

Fig. 4.

Supports de selfs.

Afin de satisfaire aux exigences de la mode, nous p'açons nos selfs à l'intérieur du coffret. L'amateur construira lui-même ces supports dont la réalisation est très facile.

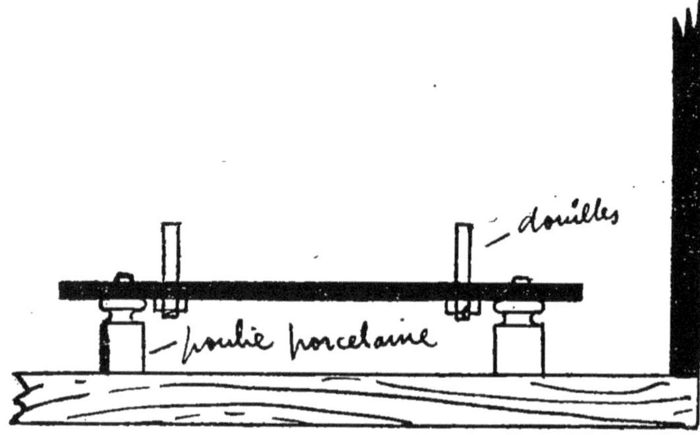

Fig. 5

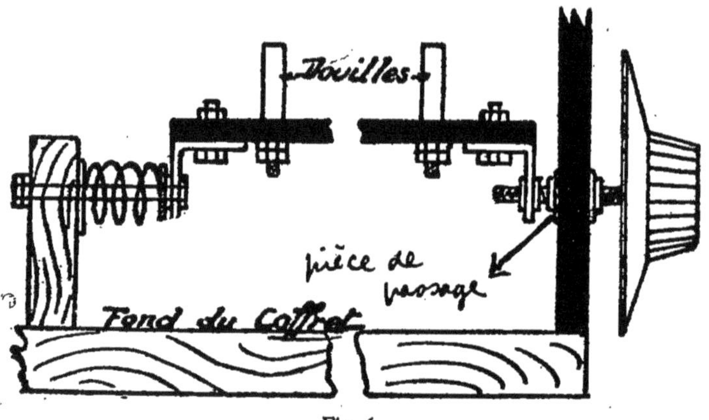

Fig. 6.

La figure 5 représente les supports fixes et la figure 6 les supports mobiles.

Nous figurons les broches à grand écartement mais pour les oscillatrices de 1500 tours on pourra les réduire à 16 mm. (écartement commercial).

Surtout employer de l'excellente ébonite.

Notons que l'on peut trouver dans le commerce des supports de selfs intérieurs dont le seul défaut réside dans le trop faible écartement des douilles.

Condensateur de réaction C_2.

Nous serons moins difficiles pour ce condensateur que pour celui d'accord. On prendra un bon modèle courant, sans démultiplication ni vernier, d'une capacité de 0,5 à 1/1000. Il sera néanmoins de construction solide pour éviter tout frottement entre les lames du rotor et celles du stator, ce qui se traduirait par des craquements épouvantables dans le haut-parleur, la batterie haute tension débitant à travers le primaire du transformateur basse fréquence.

Condensateur de détection C_3.

Il sera choisi de préférence à diélectrique air et d'une capacité de 0,15/1000. On le trouve couramment dans le commerce bien que le bricoleur puisse le réaliser facilement en lames de zinc ou d'aluminium.

Résistance de détection R.

Nous ne conseillons jamais à l'amateur de la construire lui-même, les résistances graphitées étant très variables. En acheter une et ne pas lésiner sur le prix pour l'avoir d'excellente qualité. Eviter absolument celles qui ne sont pas enfermées dans une enveloppe étanche. La valeur optima est de 3 Ω.

Condensateur d'antenne C_6.

Il aura une capacité très faible et ne sera employé que pour la réception des longueurs d'ondes inférieures à 100 m. sur antenne. On le constituera par deux plaquettes de zinc ou d'aluminium espacées de 1 mm. (surfaces en regard 2 cm.²). La figure 7 en indique la réalisation.

Rhéostats de chauffage.

Jouent un rôle capital ; ils seront choisis sans aucun jeu latéral ; leur résistance sera :

$$Rh_1 = -30\,\omega + Rh_2 = 10\,\omega.$$

Notons qu'un grand nombre d'insuccès provient du mauvais réglage du chauffage.

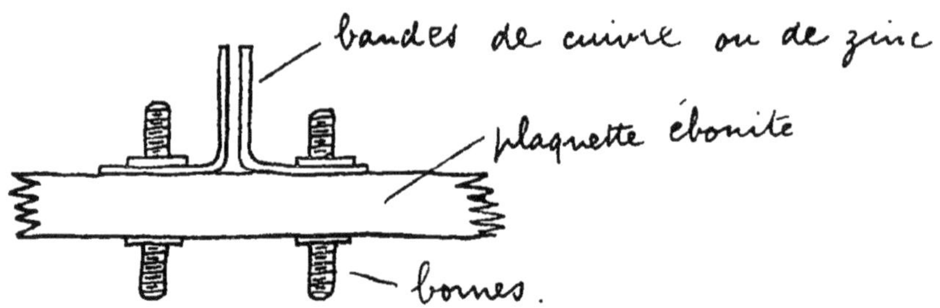

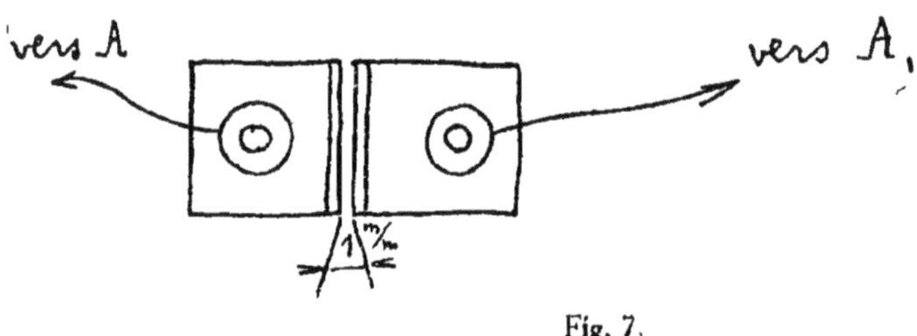

Fig. 7.

Transformateur basse fréquence.

Il faudra se méfier des transformateurs miniatures où le fer et le cuivre sont en quantité aussi réduite que le prix. Prenez un transformateur lourd et massif de rapport 1/4 ou 1/3.

La figure 8 indique le branchement des enroulements.

Oscillatrices.

Nous en avons donné les caractéristiques dans notre description des selfs. Elles sont shuntées par les condensateurs fixes C_4 et C_5 de 2/1000 de microfarad.

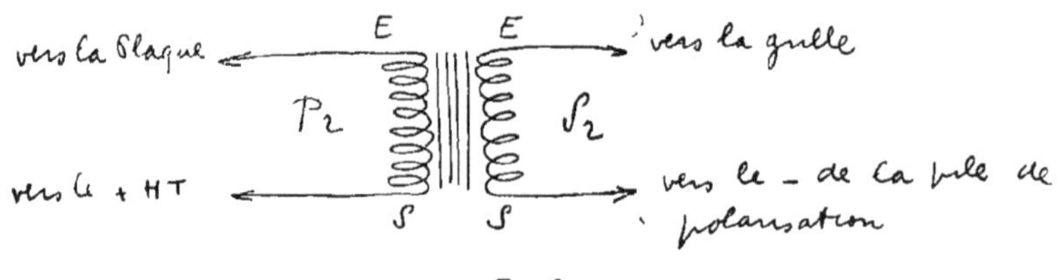

Fig. 8.

Filtre.

Le filtre est *indispensable*, nous ne saurions trop insister sur ce point. Son rôle est d'empêcher le passage de la moyenne fréquence dans le haut-parleur, passage qui se traduirait par un sifflement continu fort désagréable.

Le self S_5 est un nid d'abeilles de 1250 à 1500 spires ou un bobinage massé de même valeur.

Autres capacités.

Tous les condensateurs autres que ceux déjà décrits seront à diélectrique mica. Ce sont :

$C_4 \quad C_5 \quad C_6 \quad C_7$

ayant respectivement pour valeur :

$$\frac{2}{1000} \quad \frac{2}{1000} \quad \frac{7}{1000} \quad \frac{2}{1000}$$

Nous recommandons particulièrement les condensateurs en tubes bien étanches.

Collecteur d'ondes.

Ainsi que nous l'avons dit, nous pouvons utiliser un cadre ou une petite antenne intérieure.

1° *Cadre.*

Pour la réception du broadcasting (200 à 700 m.) nous préconisons le cadre de 1 m. de côté à 4 spires. Ce cadre sera bobiné en spirales plates comme le montre la figure 9.

Le fil employé pourra être du 8/10 deux couches coton ou mieux du fil spécial divisé.

De petits isolateurs en os maintiennent le conducteur, ils sont fixés au bois par des vis en cuivre. Une plaquette d'ébonite porte les bornes. Les spires sont espacées de 1 cm.

Toutefois un cadre de dimensions plus réduites permet d'excellentes réceptions ; nous avons eu de bons résultats avec un cadre de 40 cm. × 50 cm. à 10 spires. Pour recevoir les ondes très courtes de 20 à 80 mètres on peut employer un cadre circulaire constitué par une seule spire de 0 m. 60 de diamètre en fil rigide de 15 à 20/10 sans support.

Nous résumons ci-dessous les différents cadres à employer suivant la gamme des longueurs d'ondes à recevoir :

15 à 100 m : 1 spire circulaire de 0 m. 60 de diamètre.

100 à 250 m. : 1 m. 20 de côté, 1 spire.

200 à 700 m.	35 cm. de côté,	10 spires écartées de		5 mm.
	ou 1 m. —	4	—	1 cm.
	ou 2 m. —	2 1/2	—	5 cm.
1000 à 3000 m.	50 cm. de côté,	40 spires écartées de		2 mm.
	ou 3 m. × 2 m. 50,	15 spires écartées de		2 mm.

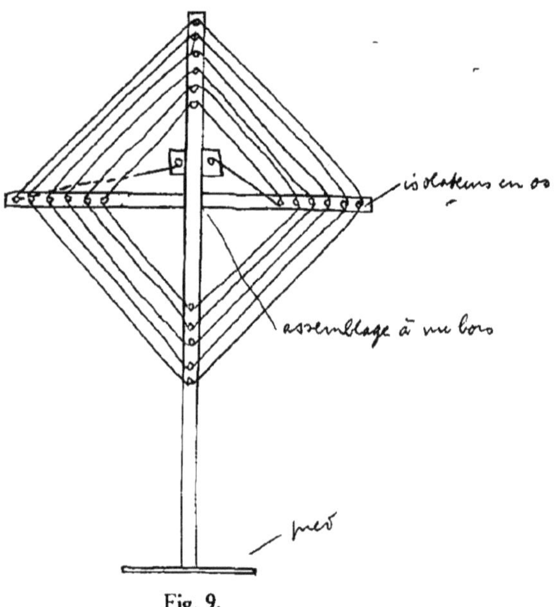

Fig. 9.

2° *Antenne intérieure.*

Elle constitue un collecteur d'ondes très efficace sous toutes ses formes.

Une longueur de 5 mètres est amplement suffisante. On pourra mettre plusieurs fils parallèles ou en V, suivant les figures 10 et 11.

Il faut veiller au bon isolement de cette antenne. Placer à chaque extrémité au moins trois maillons en porcelaine et souder toutes les connexions à la résine.

Pour la réception des ondes très courtes, un fil vertical de 1 m. 50

constitue un collecteur d'ondes très efficace. Une prise de terre peut renforcer l'audition, mais nous n'en conseillons pas l'emploi car la sélectivité et la pureté seraient atténuées.

Ajoutons pour terminer que nous avons obtenu en haut-parleur des postes puissants (Toulouse, Langenberg, Daventry exp., etc.) sur simple self d'accord.

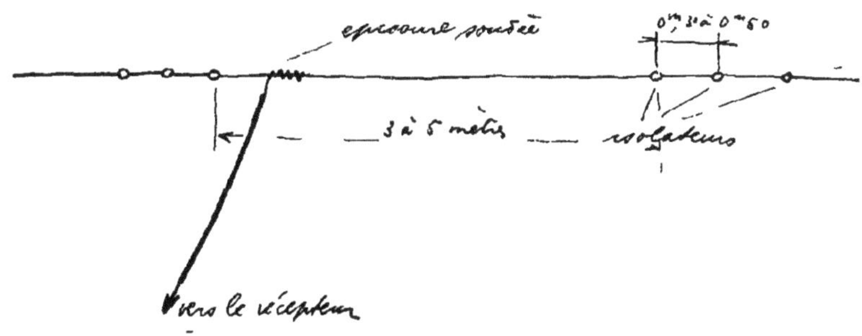

Fig. 10.

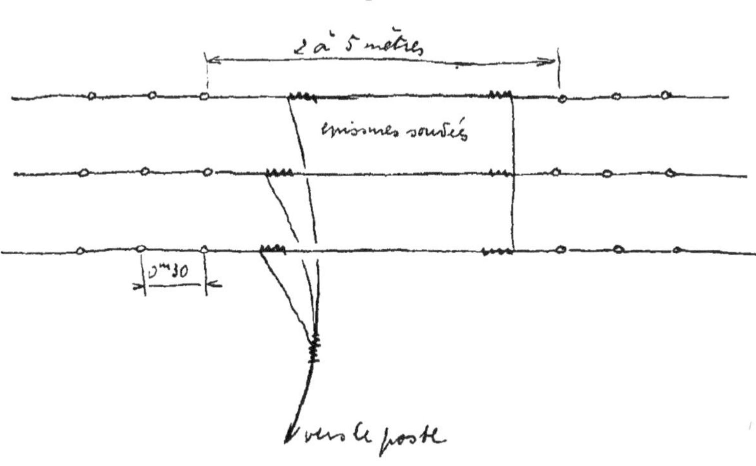

Fig. 11.

Lampes.

En superréaction plus que dans tout autre montage, le choix des lampes a une importance capitale. Le poste ne vaut que par ses lampes pourrait-on dire. La valve L_1 sera une triode à faible résistance interne (3 à 9000 ω) ; pour fixer les idées indiquons que nous avons utilisé la B406 Philipps qui nous a donné d'excellents résultats.

La lampe L_2 oscillatrice sera choisie à grande résistance interne

(15000 ω minimum), la Philipps A410 convient parfaitement ; si l'on possède plusieurs lampes, les essayer toutes, sinon se procurer les mieux appropriées comme ci-dessus.

Quant à la basse fréquence, le choix est moins délicat, de nombreux modèles donnant satisfaction, particulièrement les Philipps B406 et B443.

Naturellement il faudra polariser convenablement en suivant pour cela les indications du fabricant de lampes.

Alimentation.

Pour le chauffage des filaments un accumulateur de 4 volts 20 AH suffit.

Nous ne conseillons pas les piles dont la tension aux bornes n'est pas assez constante à moins d'utiliser des éléments de grande capacité.

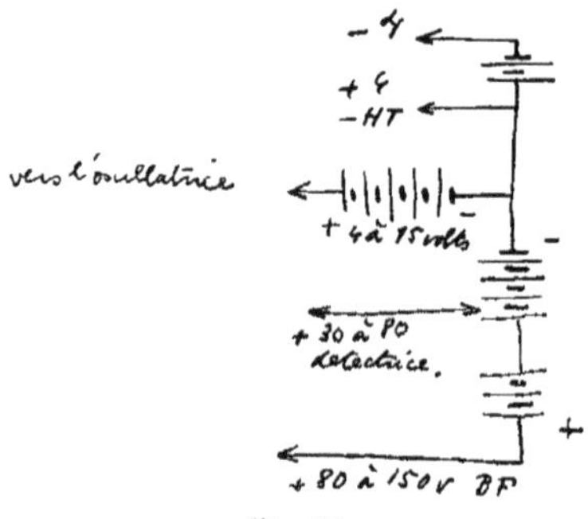

Fig. 12.

Il est préférable d'utiliser une pile de plaque spéciale pour l'oscillatrice, on peut employer pour cela 4 piles pour lampe de poche.

La figure 12 indique le montage à effectuer.

La tension plaque pour la détectrice et la basse fréquence pourra être fournie par un bloc de piles sèches à prises (90 volts) ou un accumulateur (80 à 120 volts) de faible capacité.

CHAPITRE III

Montage

On utilisera une ébénisterie assez grande pour bien éloigner les différents circuits parcourus par la haute fréquence.

Les dimensions minimum pourront être de :

Longueur 500 mm.
Largeur 270 mm.
Hauteur 250 mm.

Les deux groupes de selfs, c'est-à-dire d'une part accord et réaction, d'autre part oscillatrices, seront placés à chaque extrémité du coffret.

Nous conseillons de suivre notre plan de câblage.

Faire des connexions aussi courtes que possible en fil de cuivre nu ou argenté de 10 à 15/10.

Les bornes (antenne, terre, cadre) seront fixées sur une plaquette d'ébonite de 120 mm. × 100 mm.

Les bornes d'alimentation pourront être fixées sur le bois en ayant soin d'isoler par des rondelles d'ébonite le cuivre de l'ébénisterie.

Avoir soin de relier les parties mobiles des condensateurs C_1 et C_2

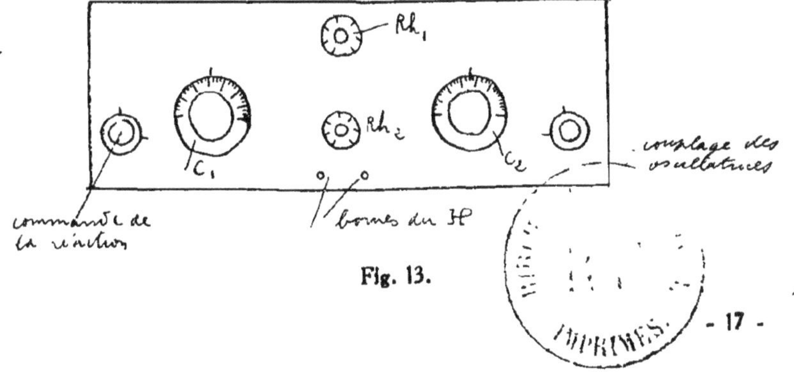

Fig. 13.

à la terre, ceci pour éviter les effets de capacité dus à l'approche de la main. Les réglages sont ainsi beaucoup plus faciles.

La figure 13 indique la disposition qui nous paraît la plus pratique pour les appareils de commande. Il faudra avoir soin de réunir correctement les fils du haut-parleur aux bornes marquées + et —, ceci pour éviter toute désaimantation.

Le mieux serait d'utiliser un transformateur de sortie de rapport $\frac{1}{1}$ entre le récepteur et le haut-parleur.

La figure 14 indique le branchement à effectuer.

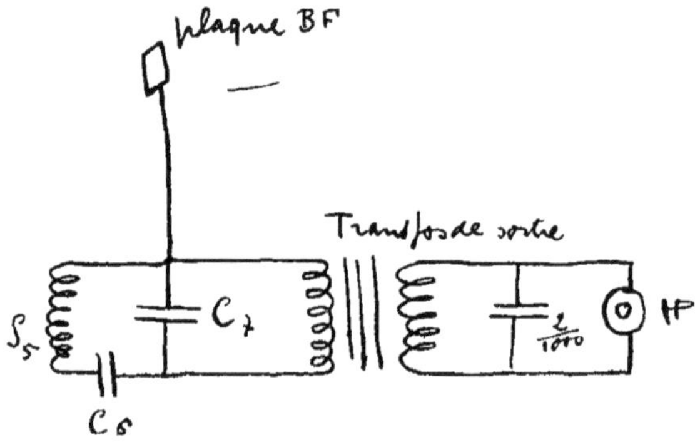

Fig. 14.

Le transformateur peut être fixé à l'intérieur du poste (si les transformateurs ne sont pas blindés, les placer perpendiculairement l'un par rapport à l'autre).

CHAPITRE IV

Mise au point. Réglages

Le cadre et les batteries branchés, on vérifie que la tension aux bornes des filaments n'excède pas 4 volts. On place alors les lampes L_1 et L_3. Le poste est prêt à fonctionner en détectrice à réaction suivie d'une basse fréquence. On place en S_1 et S_2 deux selfs convenables, par exemple 50 et 75 tours et on vérifie que l'accrochage a lieu, sinon inverser les connexions de l'une des selfs.

S_3 et S_4 sont alors montées et L_2 placée sur son support.

Les manœuvres à faire sont les suivantes :

1. Allumer les lampes, Rh_1 étant tourné à mi-course seulement.
2. Approcher S_2 et S_1 jusqu'à l'accrochage.
3. Placer S_4 à 2 cm. environ de S_3.
4. Tourner le variable C_1 jusqu'à ce qu'un sifflement soit perçu ; on se place au maximum de ce sifflement.
5. Découpler S_2 ; à ce moment la musique ou la parole doit être perçue.
6. On règle le rhéostat Rh_1 et on retouche la réaction et C_1 jusqu'à ce que l'audition soit entendue avec le maximum de puissance et de pureté.

On cherchera alors quelles sont les tensions à appliquer aux valves pour avoir le rendement maximum.

Si l'effet de superréaction ne se fait pas sentir il suffit d'inverser les connexions de l'une des selfs S_3 ou S_4.

Pour la réception des grandes ondes un réglage supplémentaire intervient, celui du couplage des oscillatrices ; pour les petites ondes il y a compensation parfaite entre ce couplage et le chauffage de la lampe L_2. Nous devons noter ici que, en général, la réception est meilleure lorsqu'on réunit par un condensateur fixe le primaire et le secondaire du transformateur basse fréquence.

Si un léger souffle persistait, l'amateur n'aurait qu'à essayer cet artifice schématisé par la figure 15. La valeur à adopter peut varier de 2 à $\frac{6}{1000}$

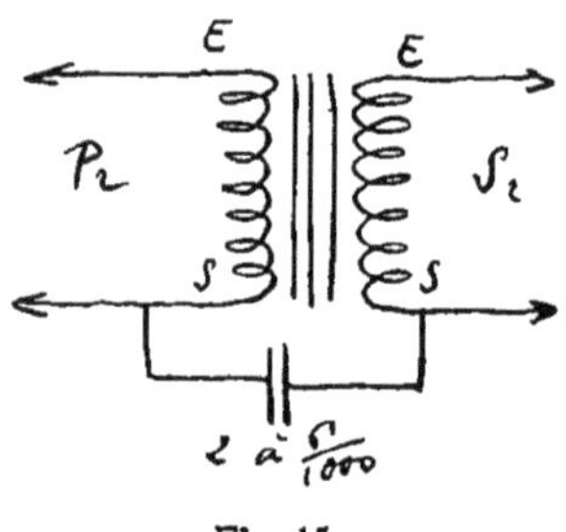

Fig. 15.

Le condensateur C_2 sera toujours laissé à sa capacité maximum. Il n'est utilisé que pour la réception des ondes très courtes, où il remplace alors le couplage variable de la réaction : son influence est presque nulle lorsqu'il s'agit de recevoir des ondes de 1000 à 3000 mètres.

CHAPITRE V

Principaux ennuis et leurs remèdes

Nous allons résumer ici parmi tous les ennuis possibles, les plus fréquents afin d'éviter aux amateurs les difficultés de mise au point.

a) Il n'y a pas d'accrochage :

1. La bobine de réaction est branchée dans le mauvais sens ; inverser les fils de la bobine qui vont aux broches.
2. La tension plaque de la détectrice est trop faible.
3. La bobine de réaction n'est pas assez forte ; choisir la valeur immédiatement supérieure.

b) L'accrochage est trop brutal :

1. La bobine de réaction est trop forte.
2. La tension plaque de la détectrice est trop élevée.
3. Mauvaise résistance de grille.

c) On n'arrive pas à éliminer un sifflement doux et régulier, c'est le filtre qu'il faut incriminer :

1. Vérifier que la self S_5 n'est pas coupée.
2. Modifier la valeur de C_6.
3. Modifier la valeur de C_7.
4. Placer un condensateur de 2 à $\frac{6}{1000}$ entre le primaire et le secondaire du transformateur comme il a été indiqué précédemment.

d) On n'a pas l'effet de superréaction, le récepteur fonctionne simplement en détectrice à réaction :

1. Inverser les connexions allant à S_4.

2. Vérifier si S_3 et S_4 ne sont pas coupées.

3. Vérifier si C_4 et C_5 ne sont pas claqués.

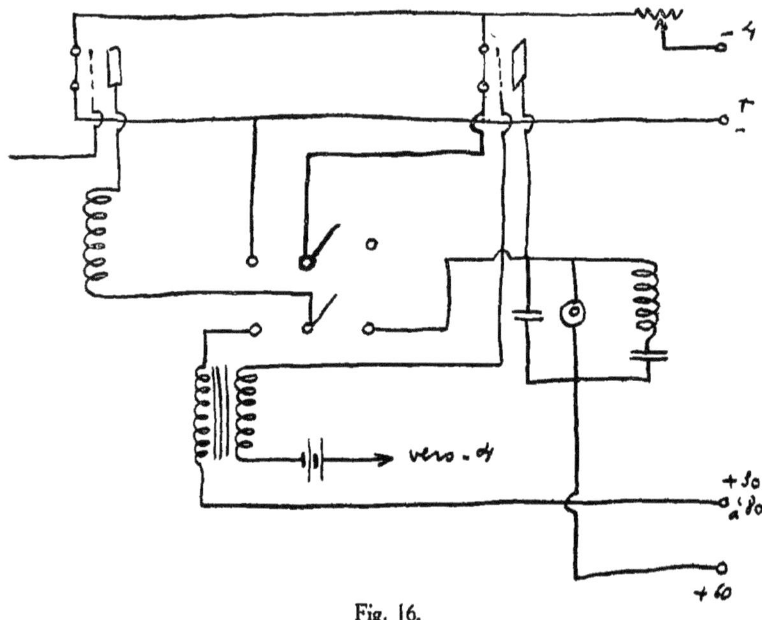

Fig. 16.

e) On entend un sifflement régulier qui ne dépend pas du couplage des oscillatrices ; il suffit d'inverser les connexions du primaire ou du secondaire du transformateur basse fréquence. On peut encore réunir le noyau de fer au + 80 si le transformateur n'est pas blindé.

CHAPITRE VI

Écoute sur deux lampes

Certains amateurs désirant faire de l'écoute au casque, nous donnons ci-dessous le montage d'un inverseur permettant l'audition sur deux

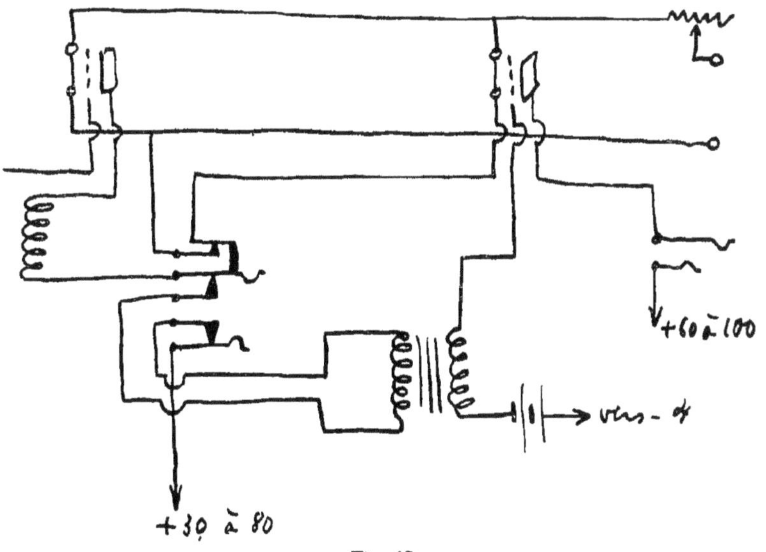

Fig. 17.

lampes. Les postes rapprochés sont d'ailleurs reçus en bon haut-parleur de cette façon. (Voir figures 16 et 17.)

CHAPITRE VII

Emploi de lampes bigrilles

On peut monter le super-récepteur universel avec des lampes bigrilles. Le principal avantage réside dans la diminution de la tension plaque.

La figure 18 donne le schéma de montage.

On emploiera les mêmes valeurs que pour le montage à trois triodes. Il y aura lieu toutefois d'essayer plusieurs résistances de détection de 3 à 6 Ω.

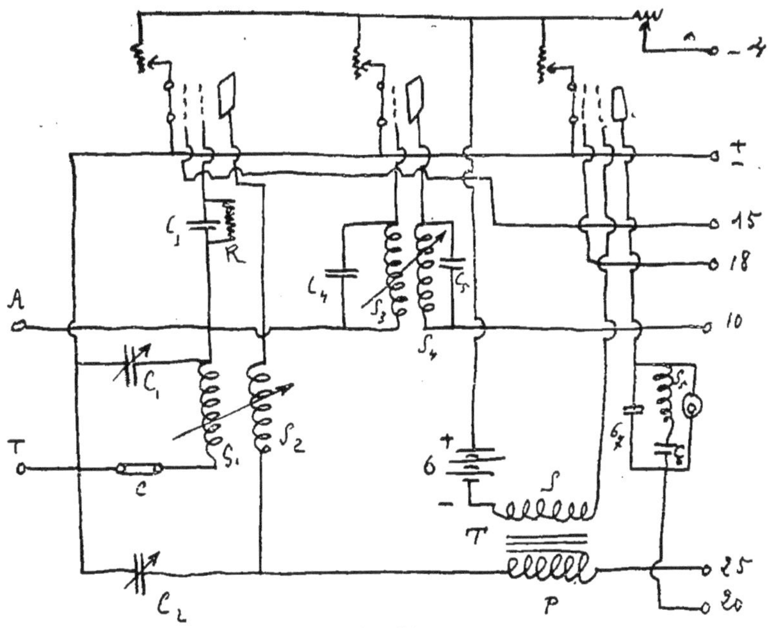

Fig. 18.

L_1 et L_3 seront des lampes à grand débit et faible résistance interne ; T sera un transformateur spécial pour lampe bigrille.

Pour la construction et la mise au point on se reportera à ce qui a été dit précédemment.

La puissance sera diminuée, mais la sensibilité légèrement accrue. On obtiendra du bon haut-parleur de salon quelle que soit la distance à laquelle se trouve le poste émetteur, les postes locaux n'étant pas reçus beaucoup plus fort que ceux situés à quelque 1500 km.

Il est préférable d'employer un transformateur de sortie spécial si l'on ne dispose pas d'un haut-parleur de faible résistance.

NOTA

Quel que soit le montage employé, ne pas oublier de tenir compte de l'orientation du cadre.

Dans la plupart des cas on obtient d'excellentes auditions *sans antenne ni cadre*, en connectant simplement une *bonne prise de terre* à la borne "antenne" de l'appareil. Pour les ondes *très courtes* conserver l'antenne intérieure de 1 m. 50 ou le cadre 1 spire (0,50 × 0.75 environ).

N. B. — *Toute demande de renseignements à l'auteur doit être accompagnée de* 3 francs *de timbres français.*

Devis de Montage

Désignation	Prix
1 jack et sa fiche pour HP	11. »
8 pieds caoutchouc pour poser les supports de selfs. . . .	6. »
9 bornes nickelées de 4 m/m à 0,70.	6.30
18 rondelles cuivre pour dito	1. »
18 — ébonite pour dito *Iso* à 0,20	3.60
3 supports de lampe micro *Dyna* à 7,60 sans capacité . .	22.80
1 condensateur var. *Far* de 0,30 Square Law.	37. »
1 bouton démultiplicateur avec cadran *Far*	32. »
1 condensateur var. *Far* sans démultiplicateur de 0,50 . .	42. »
1 bouton non démultiplié avec cadran *Far*	15. »
1 rhéostat 1 lampe micro *Tangental* avec cadran	19. »
1 — 3 — — — —	19. »
2 supports double de selfs intérieures 1 en 0,16 et 1 en 0,19 avec boutons. Modèle spécial	53. »
2 plaques ébonite percées. Modèle spécial	14. »
4 douilles nickelées	6. »
2 condensateurs *Fixair* de 0,15/1000	27.60
4 — fixe *Alter* de 2/1000	26. »
1 — — — de 7/1000	7. »
1 résistance de 3 még. *Always* ou *Lœwe* avec supports. . .	10.50
1 transfo *Far* rapport 1/4 blindé	70. »
1 transfo de sortie *Far* rapport 1/1 blindé.	70. »
10 m. fil carré argenté de 12/10	12. »
5 fiches galalithe Bananes, 2 antenne, 1 terre, 2 cadre.	10. »
1 ébénisterie 600×300×28	Prix suivant modèle
1 panneau ébonite pour dito marbrée. . . .	—
1 jeu complet de 15 selfs en 0,19	167.80
3 selfs 1.500 spires S 2, monté, 0,16×4, Modèle spécial . .	132. »
	820.60

Accessoires

1 pile de polarisation *Phœbus* 9 volts	**6.95**
1 accu *Tudor* Radio 2, bac verre 4 volts	**112. »**
1 pile *Phœbus* 90 volts à prises 20 milli	**110.70**
2 lampes B 406 *Philips*	**110. »**
1 — A 410 à 37 fr. 50 *Philips*	**37.50**
	377.15

En plus le haut parleur et fils d'alimentation.

On peut remplacer la basse fréquence B 406 par une B 443 ou R 79 à 125 fr.

Catalogue spécial de Pièces et Accessoires T. S. F. contre 1 fr.

Remise 10 0/0 pour nos acheteurs

Jeu de Selfs

3 spires 0,19×4. Modèle spécial			. . . .	**10.90**
4	—	—	—	**11.35**
5	—	—	—	**11.60**
7	—	—	—	**11.90**
10	—	—	—	**13.90**
13	—	—	—	**14.85**
15	—	—	—	**8.55**
20	—	—	—	**8.55**
35	—	—	—	**8.85**
50	—	—	—	**9.20**
75	—	—	—	**9.70**
100	—	—	—	**10.85**
150	—	—	—	**11.85**
200	—	—	—	**12.45**
250	—	—	—	**13.30**
				167.80

NOTA. — Pour les lecteurs qui voudraient posséder le *Super* tout monté, nous pouvons le faire construire moyennant le prix de **150** fr. plus ébénisterie et ébonite **250** fr., soit **400** fr. à ajouter aux **820** fr. **60** des pièces nécessaires, soit en tout : **1220** fr. avec le jeu de spires, *nu*.

Avec 2 lampes B 406, A 410 et 1 B 443 en plus **217** fr. **50**. Caisse et emballage **50** fr. Grande vitesse port dû.

Contre mandat-poste ou chèque aux NEF, 35, rue du Rocher, Paris (8e). Délai 15 jours. Nous faisons 10 % de remise sur les pièces et accessoires à tous les lecteurs qui monteront eux-mêmes le dit poste *Superréaction*.

Les Trois dernières Nouveautés
en T. S. F.

EN VENTE A LA SALLE D'AUDITION DES

N E F, 35, Rue du Rocher, PARIS

Un diffuseur sensationnel le T 495

Le plus pur —— Le plus puissant —— Le plus harmonieux

Fruit de longues études de la part d'ingénieurs spécialisés apporte une ère nouvelle dans la question délicate de la bonne réception. Basé sur de nouveaux principes, le diffuseur **T 495** utilise un moteur équilibré à double action. De ce fait, sa sensibilité est extrême et permet d'obtenir des auditions *inaudibles* dans un autre appareil. Il se classe au 1er rang par son rendement intégral sur toute la gamme musicale. Muni d'un cône à angle aigu se déplaçant sur les notes basses et vibrant lui-même pour les notes aiguës, le **T 495** est le plus pur des diffuseurs. Il ne nécessite aucun réglage ni polarité. Belle ébénisterie acajou massif, filet vieil or.

Port et carton en plus . . . . **Prix : 500 fr.**

Le Super-Ampliphone 5

Dernière technique. Le plus merveilleux des changeurs de fréquence. Construit avec du matériel *impeccable* des premières fabriques de France et de l'Étranger, ce poste récepteur ne peut être comparé *à aucun poste du commerce.* Il faut l'écouter *comparativement* avec les autres. *Toutes* les stations européennes *sont garanties sur cadre* (Paris, grandes villes ou campagne) Sélectivité *absolue.* Puissance *très grande* tout en gardant une pureté *incomparable.* Marche sur 80 ou 150 volts à volonté. — Nous remboursons dans les 10 jours tout poste *qui ne répond pas affirmativement* à l'énoncé *de ces qualités.* Garantie des pièces : deux ans. Jolie ébénisterie acajou. Présentation du meilleur goût . . . . **Prix nu : 2.200 fr.**

Les 5 lampes sélectionnées dont une 443 à 125 frs . . **335 fr. 75**

Port et caisse en plus.

Le Cadre Acer **avec boussole 4 enroulements**

Le meilleur de tous les cadres existants 0m69 × 0m44 protégé sur les côtés par ébénisterie acajou.

Port et carton en plus . . . . **Prix : 400 fr.**

Ces 3 pièces forment un ensemble idéal et parfait

Vente au comptant (CHÈQUES POSTAUX n° 1255-48, PARIS) **Établts N E F, 35, rue du Rocher, Paris**

UNE INNOVATION... *indispensable pour le* "SUPER-UNIVERSEL"

MARQUE

EMF

Médaille d'Or Liége 1928

90 fr.

Franco recommandé

92 fr.

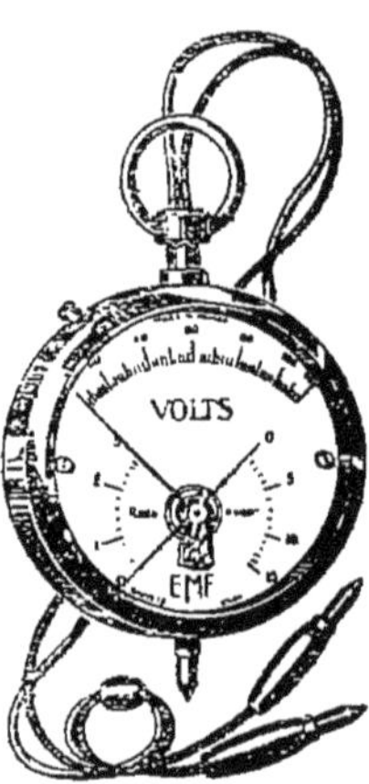

Le Voltmètre de poche à 3 sensibilités { 0-120 0-15 0-3

QUALITÉS TECHNIQUES 1° Ils restent toujours comparables à eux-mêmes, car ils ne possèdent aucun élément susceptible de s'altérer avec le temps.

2° Leur résistance ohmique est excessivement élevée, ce qui permet des mesures de tension exactes.

3° L'emploi de 3 échelles distinctes et séparées et l'amplitude de 90° donnée à chaque aiguille permettent des divisions espacées facilitant des lectures précises.

4° L'équipage mobile très léger est idéal au point de vue de l'amortissement des oscillations.

5° Ils peuvent pratiquement rester en circuit d'une façon continue sans échauffement dangereux.

6° Ils peuvent être utilisés sur courant alternatif comme sur courant continu.

FABRICATION SOIGNÉE Les boîtiers en nickel d'horlogerie soigneusement polis — les cordons en soie rouge et noire — les prises de contact en galalithe de couleur — complètent l'élégante présentation d'un appareil déjà remarquable par la précision de son montage et le fini de sa fabrication.

Tous nos voltmètres sont livrés dans un bel écrin.

Mandats-poste à **NEF, 35, rue du Rocher, 35 - Paris (8e)**

Chèques postaux : 1255-48 Paris

Vient de paraître :

L'AMI DU SANS-FILISTE

par **J. PEUBE**, Ingénieur diplômé ESE

Un fort volume illustré........ **12 fr.**

Conseils pratiques, Secrets et Tuyaux, Dictionnaire des termes employés en T.S.F., etc., Historique de la T.S.F., suivis de 15 montages et schémas des meilleurs appareils relatant les derniers perfectionnements modernes.

Envoi franco.... **13 fr.** — Étranger.... **15 fr.**

Adresser mandats-poste ou chèques aux

"NOUVELLES ÉDITIONS FRANÇAISES", 35, Rue du Rocher - PARIS (8e)

Imprimerie Chantenay, 15, rue de l'Abbé-Grégoire, Paris-vie. — 2-29.

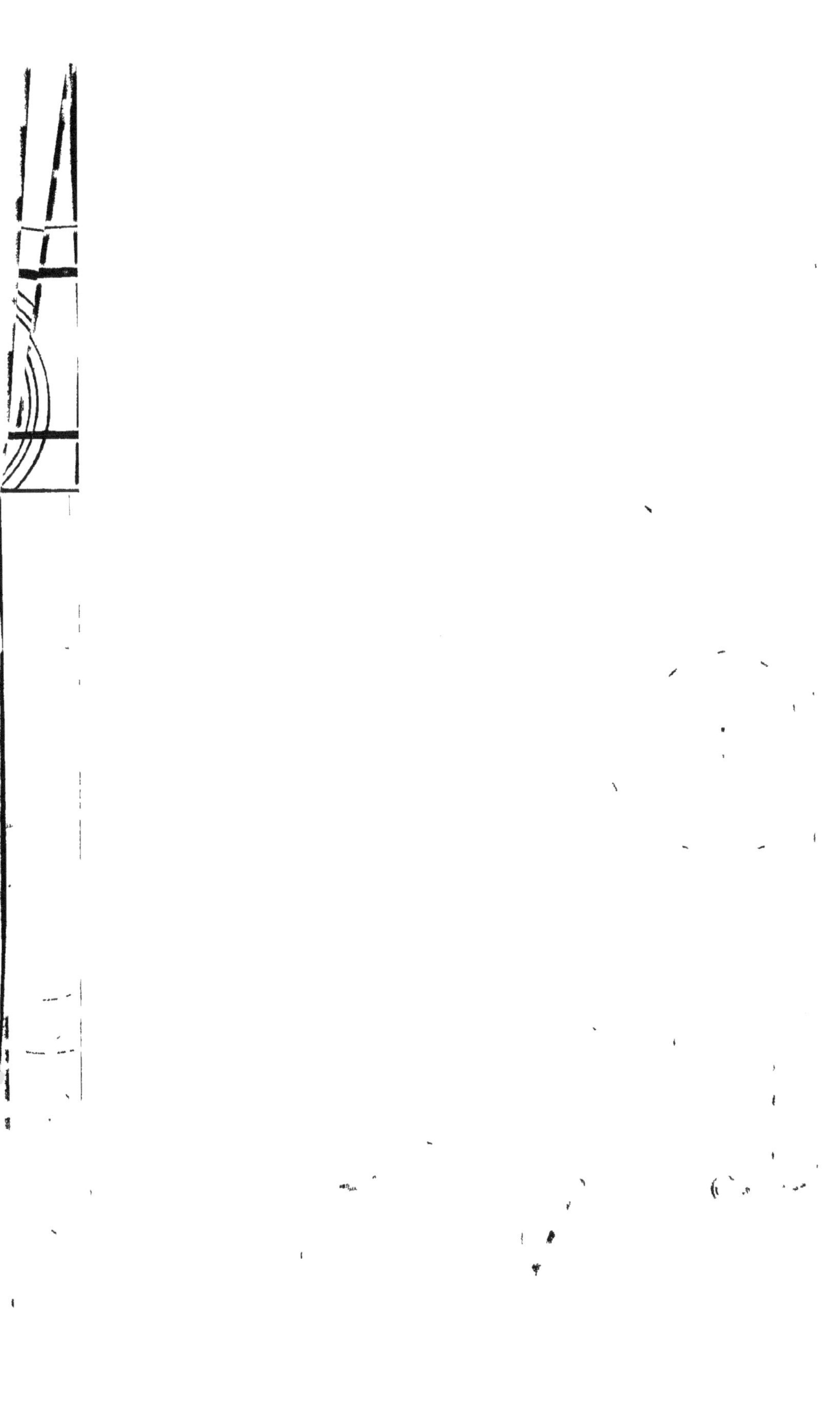

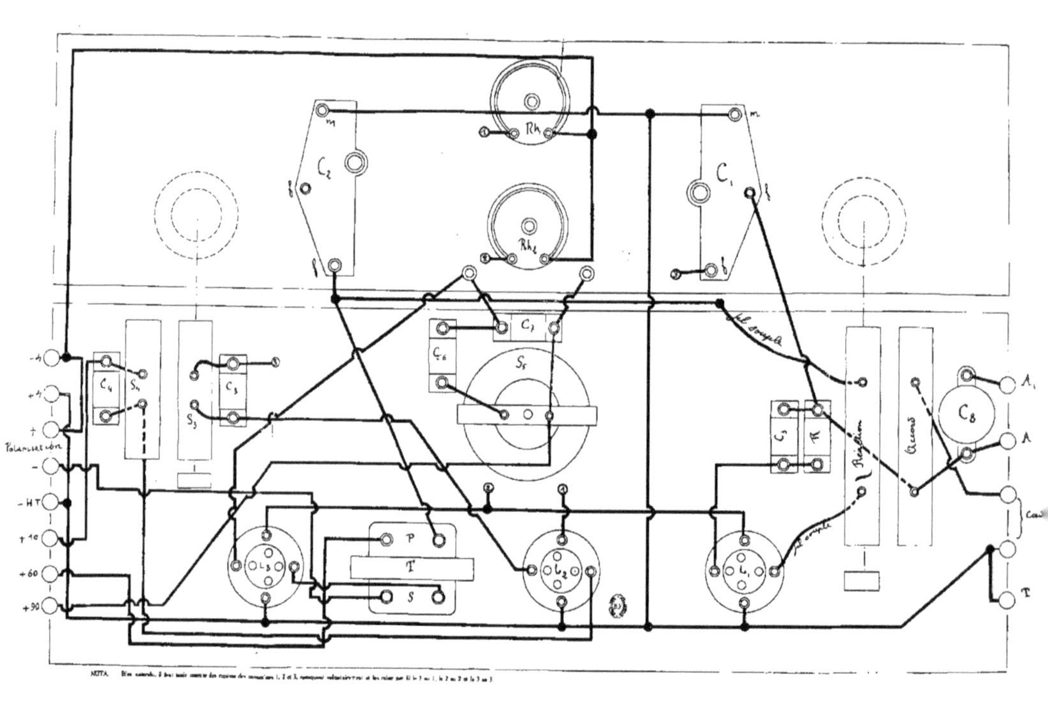

-4
+4
+
Polarisation
-
-HT
+40
+60
+90
C4
S4
C3
S3
C2
Rh1
Rh2
C1
C7
C6
S5
P
T
S
L3
L2
L1
C5
R
Réaction
Accord
C8
A1
A
T
fil souple
fil souple
NOTA.

www.ingramcontent.com/pod-product-compliance
Ingram Content Group UK Ltd.
Pitfield, Milton Keynes, MK11 3LW, UK
UKHW020519180726
13839UKWH00005B/2179

9 782329 088006